LE DIAMANT

ET SES IMITATIONS

LE DIAMANT

ET SES IMITATIONS

PAR

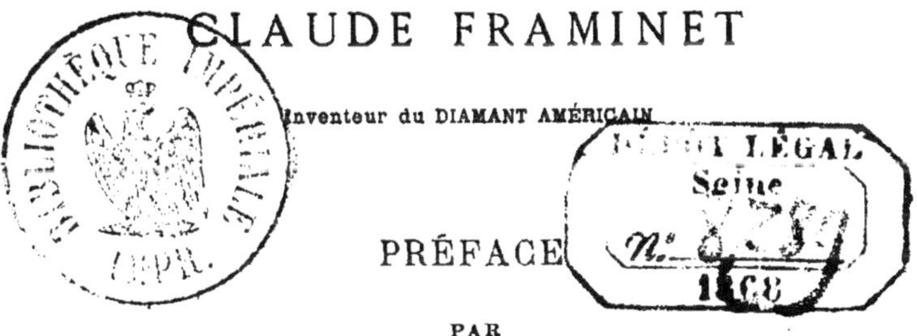

CLAUDE FRAMINET

Inventeur du DIAMANT AMÉRICAIN

PRÉFACE

PAR

ALEXANDRE DUMAS

EN VENTE

Chez M. J. MADRE, Libraire

20, Rue du Croissant, 20

PARIS

PRÉFACE

Vous vous rappelez peut-être qu'à propos de la mer, j'ai eu avec vous une causerie sur les perles.

Et, en effet, les perles sont les vraies filles de la mer ; les huîtres ne sont que les nourrices des perles.

Or, de perle à diamant il n'y a que la main. Une occasion se présente pour moi de vous parler des diamants ; laissez-moi vous parler de ce tyran de la mode, qui seul a le droit d'opprimer la perle.

Je voudrais vous faire l'histoire des quatre ou cinq diamants fameux, qui ont attiré les regards du monde entier et qui ont fait le désespoir des voleurs, attendu que, comme les raisins de la fable enfermés qu'ils sont dans les trésors royaux, ils étaient trop verts pour eux.

Je désire vous faire cette causerie d'autant plus étendue, que c'est presque le testament du diamant que je vous envoie.

Tout le monde sait, depuis les expériences des chimistes du 18e siècle, et surtout depuis celles du célèbre Lavoisier, tout le monde sait, disons-nous, que le diamant n'est que du carbone cristallisé.

Ces Christophe Colomb de la science ont découvert que le diamant, exposé aux feux des fours de porcelaine, disparaissait sans laisser de traces ; il se volatilise de la même façon en l'exposant au feu de la lentille de Tschirnhausen.

Ces expériences commencèrent par ruiner Lavoisier et plus tard furent cause de sa mort. Ruiné comme chimiste, il voulut refaire sa fortune comme fermier général, et ce fut comme fermier général qu'il eut la tête tranchée avec vingt-sept autres fermiers généraux.

Il y a dans le monde cinq ou six gros diamants.

Chacun de ces diamants a l'histoire de son origine plus ou moins pittoresque. Mais avant d'entreprendre cette généalogie, il faut que nous prévenions le lecteur que le prix des diamants varie selon la forme, le degré de transparence, la pureté et la grosseur de la pierre.

La transparence du diamant doit être égale à celle de l'eau ; quand on dit : un diamant d'une belle eau, on veut dire un diamant d'une limpidité parfaite.

Inutile de dire que les diamants deviennent plus rares et plus chers au fur et à mesure qu'ils augmentent de grosseur.

Ainsi, supposez un diamant de belle eau, estimé 1,000 fr. ; un autre, aussi parfait, ne coûtera pas, s'il est dix fois plus gros, 10,000 francs, comme il serait logique de le croire.

C'est qu'en matière de pierre précieuse, un diamant dont le diamètre est le double d'un autre doit coûter soixante-quatre fois autant ; s'il est triple, sept cent vingt-neuf fois, et, s'il est quadruple, quatre mille quatre-vingt-seize fois.

Le plus gros diamant qui existe est, sans contredit, celui de l'empereur du Brésil ; il pèse 1,730 carats ; il vaudrait un prix inestimable, 1 milliard peut-être, s'il n'était atteint de quelques défauts qui affaiblissent son éclat et qui l'ont même fait traiter de topaze blanche par quelques lapidaires de mauvaise humeur.

Après le diamant de l'empereur du Brésil, vient immédiatement celui du grand Mogol ; il pèse 279 carats, aujourd'hui que la reine d'Angleterre, à qui il appartient, l'a fait tailler. Avant d'être taillé, il pesait un tiers de plus ; on l'appelle *Kohi-noon*, en langue indoue, ou *Montagne de lumière*.

L'ouvrier mineur qui le trouva comprit, en le voyant rouler à ses pieds, qu'il y avait là la fortune d'un prince ; mais, comme en sortant des mines, les ouvriers sont, comme les forçats, fouillés jusqu'aux endroits les plus secrets, celui-ci se fit d'un coup de hache une blessure longitudinale à la cuisse, y cacha le diamant, banda sa cuisse avec son mouchoir, et grâce à cette blessure grave et au sang dont il était couvert, sortit de la mine sans être visité.

La *Montagne de lumière* fut vendue 100,000 francs d'abord, puis elle passa de main en main, s'augmentant toujours, jusqu'à ce qu'elle s'arrêtât dans celles du grand Mogol, qui la paya un peu plus de deux millions.

Celui qui vient après, et qui même aurait peut-être le droit de venir avant, fut apporté en Europe par un soldat français en garnison à Pondichéry.

On appelle ce diamant l'*Orloff*, et il appartient à la couronne de Russie.

Le *Régent*, ainsi nommé parce qu'il fut acheté par le duc d'Orléans à l'époque de sa régence, pèse cent trente-sept carats, et fut payé 2,510,000 francs.

Reste le *Sancy*.

Le *Sancy* était une des trois pierres précieuses que

Charles le Téméraire portait sur son casque à la bataille de Nancy; les deux autres étaient un rubis et une émeraude.

Un coup de masse les fit sauter du casque.

Le rubis et l'émeraude furent perdus. Un soldat suisse trouva le diamant et le vendit à un prêtre pour un florin.

Il passa des mains du prêtre dans celles d'Antoine, roi de Portugal, qui, fuyant de ses États et errant en Europe, s'en défit dans un moment de gêne pour cent mille francs que lui compta Harlay de Sancy, trésorier général de France.

De là vient que le diamant prit le nom de *Sancy*.

Harlay de Sancy fut envoyé comme ambassadeur en Suisse.

Il se trouvait à Soleure, lorsque Henri III lui écrivit :

« Envoyez-moi votre diamant par un homme sûr, afin que je m'en fasse une ressource d'argent. »

Le domestique qui, en effet, était un homme sûr, dit à son maître en partant :

— Si je suis arrêté par des voleurs, j'avalerai le diamant. Ou les voleurs me tueront et alors vous demanderez mon corps; ou ils me laisseront passer et alors le diamant arrivera à sa destination.

Le domestique partit avec le diamant, fut attaqué par des voleurs, l'avala, et fut tué d'un coup de poignard.

Sancy fit revenir le corps de son fidèle serviteur, en fit faire l'autopsie et retrouva le diamant.

Cette pierre précieuse, qui pèse cent six carats, fut vendue par Henri III, à qui Sancy la renvoya, à des juifs allemands, chez lesquels on la perd un instant de vue. On sait seulement qu'en 1668, le *Sancy* appartenait à Jacques II qui le vendit à Louis XIV. Louis XV le porta à son couronnement, puis pendant cent ans il disparaît, puis enfin il est vendu au grand veneur de l'empereur de Russie, qui le paye cent mille roubles, c'est-à-dire deux millions.

A l'époque où je fis *Monte-Cristo,* voulant introduire une empoisonneuse dans mon roman, je me mis avec acharnement à faire de la chimie avec mon ami le vicomte de Ruolz.

Il avait déjà, à cette époque, trouvé l'argenture et la dorure sur métaux.

Il portait d'habitude, à sa cravate, un petit diamant qu'il avait fait lui-même en cristallisant du carbone.

Seulement, comment la transmutation s'était elle opérée? Il n'en savait rien lui-même. Un beau jour, dans le creuset abandonné depuis près de trois semaines, le diamant, gros comme un grain de chènevis, s'était trouvé tout formé. Sous quelle condition de chaleur factice, sous quel rayon d'ardent soleil la transmutation tant cherchée au grand jour s'était-elle mystérieusement accomplie? Il n'en savait rien lui-même, mais le fait était là.

Ce diamant fut estimé 80 francs.

Ici, vous le comprenez bien, la discussion n'est point dans la grosseur du diamant, mais dans le fait de sa mutation de carbonne en cristal; il est évident qu'un jour ou l'autre on fera du diamant artificiel et que dans cette recherche M. Desprez a déjà obtenu des résultats remarquables.

Le grand malheur de l'alchimie, qui a préparé tant de découvertes précieuses à la chimie sa fille, est de s'être occupée de la transmutation de l'or, transmutation impossible, puisque l'or est un corps simple. Il est évident que si les grands alchimistes avaient usé à essayer de faire du diamant autant de temps qu'ils en ont usé à essayer de faire de l'or, ils eussent incontestablement réussi.

Maintenant un homme qui n'est aucunement chimiste vient de trouver, non pas la mutation du carbonne en diamant, mais un diamant nouveau, aussi beau, aussi pur que les plus beaux et les plus purs diamants sortis des mines de l'Inde et du Brésil.

Le nom de la pierre, du cristal, du quartz, du mica, d'où il le tire, est un secret. Le plus habile lapidaire s'y trompe.

Cet homme, s'il eût été un fripon, faisait sa fortune du coup. Une paire de boucles d'oreilles vendue par lui à un capitaine au long cours pour la somme de vingt francs, a été vendue par celui-ci au premier lapidaire de New-York pour la somme de vingt dollars.

Mais ce n'est pas une erreur, ce n'est pas sur une spéculation déloyale que l'intelligent inventeur a établi ses espérances de bénéfices. Il sait combien de vols de diamants ont été accomplis, et, les diamants une fois volés et surtout une fois démontés, quelle est la presque impossibilité de les reprendre aux voleurs.

Il y a eu, depuis cent ans, trois fameux vols de diamants.

Le premier est celui des diamants de la couronne, fait au Garde-Meuble en 1792.

Un décret de l'assemblée avait ordonné que l'inventaire des diamants de la couronne fût fait. On avait l'habitude à cette époque de les exposer, depuis la Quasimodo jusqu'à la Saint-Martin, le premier mardi de chaque mois.

Après les journées du 10 août et du 2 septembre, on craignit pour ce riche dépôt, puis il fut enfermé, et la commune de Paris, qui avait la gérance du domaine de l'État, mit les scellés sur les armoires dans lesquelles étaient déposés la couronne, le sceptre, la main de justice, les autres ornements du sacre, enfin la chapelle d'or léguée à Louis XIII par le cardinal de Richelieu; plus, la fameuse nef d'or pesant 600 marcs.

A ces objets était jointe une quantité prodigieuse de vases d'agathe, d'améthyste, de cristal de roche, etc., etc.

Tous les trois jours, Sergent et deux autres commissaires de la commuue faisaient une visite au Garde-Meuble.

Le 17 septembre, à peine entrés dans le Garde-Meuble, ils s'aperçurent que des voleurs s'étaient introduits en escaladant la colonnade, avaient brisés les scellés, forcé les serrures et enlevé le trésor.

Aucune trace de leur passage n'était restée. On fit de nombreuses arrestations, mais qui n'amenèrent aucun éclaircissement.

Un jour, vers le 24 septembre, Sergent reçut une lettre anonyme qui lui indiquait qu'une partie des objets volés était enfouie dans un fossé de l'allée des Veuves.

Sergent prévint ses collègues. Une fouille fut faite, et l'on retrouva le diamant le *Régent* et la coupe connue sous le nom du calice de l'abbé Surger.

Beaucoup de bruits coururent à cette époque; les uns dirent que le vol avait été fait au profit des émigrés, les autres que l'argent provenant du vol avait servi à payer l'insurrection de la Vendée qui devait éclater le 10 mars suivant.

Le second vol de diamants qui a laissé un souvenir dans la société parisienne est celui de la princesse Santa-Croce, née Belmonte-Pignatelli et veuve d'un prince romain.

Elle s'était réfugiée en France à la suite des revers éprouvés par nos armées en Italie pendant que Bonaparte faisait la conquête de l'Égypte.

Mme Santa-Croce, très-riche, tenait en exil une petite cour. Au nombre des famillières de la princesse se tenait une Mme Goyon des Rochettes, veuve d'un ancien gouverneur de Longwy et passant pour être mariée au comte Lamparelli, également exilé.

Un certain marquis de Loïs, nouvellement rayé de la liste des émigrés et de retour à Paris depuis un mois, vit à l'Opéra la princesse couverte de ses diamants, et près d'elle une très jolie femme qui n'était que Mme Lamparelli.

Alors vint au marquis de Loïs cette méchante idée de faire sa maîtresse de Mme Lamparelli et de se servir d'elle pour voler les diamants de la princesse.

Au bout de huit jours la moitié de la besogne était faite; restaient les diamants.

On s'associa deux voleurs de profession nommés Bisson et Fresneau, et un soir que la princesse dînait chez l'ambassadeur d'Espagne, le vol fut consommé.

Les deux voleurs, en possession des parures de la princesse, se rendirent immédiatement chez un joaillier du Palais-Royal connu parmi les voleurs pour acheter les objets de provenance suspecte.

Le joaillier commença par voler les voleurs d'une assez singulière façon : parmi les diamants, il y en avait un de la grosseur d'une noisette qui valait 10,000 francs; le joaillier avait par hasard en imitation, un morceau de cristal taillé, de la même grosseur et du même aspect; il escamota adroitement le vrai diamant, après l'avoir démonté, parut examiner l'autre avec attention, déclara que le diamant était faux, et comme preuve, il l'écrasa d'un coup de marteau.

Les voleurs ne reçurent donc qu'une somme de 15,000 francs qu'ils partagèrent loyalement avec ceux qui leur avaient fait faire le coup, puis il disparurent.

Le joaillier du Palais-Royal avait gagné à lui seul 150,000 francs.

Des recherches furent faites, mais d'abord sans résultat aucun. La princesse était loin de soupçonner sa meilleure amie et le marquis de Loïs d'être complices d'un pareil vol : mais voici ce qui arriva :

Fresneau et Bisson avaient trouvé dans une armoire du galon d'or à livrées ; ils s'en étaient emparés.

Pensant que dans un vol aussi important que celui des 300,000 francs de diamants, on ne ferait aucune attention à un mètre ou deux de galon, ils allèrent pour le vendre à un fripier.

Mais les galons étaient portés sur le catalogue des objets soustraits qui avaient été affichés et distribués à profusion. Le fripier les reconnut, fit arrêter les voleurs, et, grâce à leurs révélations, tous les coupables furent bientôt entre les mains de la justice.

Le marquis et le joaillier furent condamnés à douze ans de fer ; Mme Lamparelli à douze ans de réclusion.

Elle et le marquis moururent sans avoir eu le temps de subir leur peine.

Le joaillier sortit en 1813 du bagne de Rochefort.

Tout le monde se rappelle le fameux vol des diamants Mlle Mars.

Les diamants les plus connus sont ceux des actrices. Quoique forts nombreux, ceux de Mlle Mars avaient paru si souvent devant le public, que le public eût pu, presque aussi bien qu'elle, en faire le catalogue.

Je me rappelle très-bien les détails de ce vol parce

qu'il fut fait le 19 octobre 1827, quelques jours après la lecture au Théâtre-Français de mon drame de *Christine*, qui m'avait, d'une façon un peu plus familière ouvert les portes de l'hôtel de Mlle Mars.

Elle avait pour femme de chambre une Suissese, née à Orbes et nommée Constance Richard; cette femme de chambre était mariée avec un nommé François-Jean Mulon, qu'à cause de son teint bruni, on appelait familièrement Scipion l'Africain.

Mlle Mars avait la plus grande confiance en Constance; c'était elle qui était chargée de porter au Théâtre-Français et d'en rapporter le coffret renfermant toutes les parures de Mlle Mars, lesquelles pouvaient atteindre une valeur de 450 à 500,000 francs.

Le 19 octobre 1827, Mlle Mars, qui ne jouait pas, dînait chez Mme Armand, femme du sociétaire du Théâtre-Français, bien connu sous ce nom, avec lequel il a, pendant soixante ans, joué les jeunes premiers et les amoureux.

Vers onze heures du soir, Armand, qui n'avait pas dîné avec ces dames, entra, s'approcha de Mlle Mars et lui dit :

— Ma chère camarade, armez-vous de tout votre courage; j'ai une mauvaise nouvelle à vous apprendre.

— Pourvu qu'il ne soit rien arrivé à ma bonne mère

ou à mon beau-père, l'excellent Walville, vous pouvez tout me dire, mon cher Armand, répliqua avec calme Mlle Mars.

— Tranquilisez-vous, il ne s'agit que d'une perte d'argent : vos diamants sont volés.

Mlle Mars n'était pas très-riche à cette époque; une perte de 500,000 francs, douloureuse pour tout le monde, l'est encore plus pour une artiste, surtout lorsqu'elle porte sur des bijoux dont elle se sert tous les jours.

Mlle Mars jeta un cri, demanda ses chevaux et partit.

En arrivant chez elle, Mlle Mars trouva le commissaire de police qui verbalisait.

C'était Constance elle-même qui, pour dérouter les soupçons, avait dénoncé la disparition de la cassette qu'elle avait remise à son mari. Aussi personne ne songeait à elle, lorsque des nouvelles arrivèrent de Genève et dénoncèrent le coupable.

Mulon avait démonté les diamants, et des parures il avait fait un lingot d'or, qu'il avait voulu vendre à un orfèvre à son arrivée à Genève.

Le vol de diamants avait été relaté sur tous les journaux. L'orfèvre genévois se douta de quelque chose; il fit arrêter Mulon. Déjà quelques soupçons planaient sur lui : on avait su qu'il avait quitté précipitamment Paris et qu'il avait changé, avant de partir, deux billets de banque pour de l'or.

Outre les diamants, deux billets de banque avaient été volés : c'était évidemment ceux-là que Mulon avaient changés avant de partir. Mais Mulon arrêté, les diamants ne se retrouvaient pas : il prétendait les avoir jetés, en passant, dans le Rhône, de peur d'être poursuivi et dénoncé par eux.

Un hasard providentiel empêcha qu'ils ne disparussent. Mulon avait été arrêté et conduit à la prison, tel qu'il était vêtu lors de sa visite chez l'orfèvre. Une fois en prison, il demanda ses vêtements et surtout ses bottes.

Cette insistance à demander ses bottes inspira des soupçons à l'agent chargé de transporter la garde-robe au cachot de Mulon, il fouilla dans les bottes et y trouva les diamants. Il n'y avait plus à nier. Il s'agissait de l'extradition. On fut deux mois à la solliciter du gouvernement suisse.

Amené en France, Mulon fut jugé à Paris le 31 mars 1828.

Devant le tribunal il fut convaincu et finit par avouer.

Voici comment le vol s'était opéré : Du moment où il fut convenu, Constance ouvrit chaque soir une fenêtre du rez-de-chaussée qui communiquait avec la rue de Larochefoucauld. Mulon, qui se promenait de long en large dans la rue, s'approchait de la fenêtre où Constance lui disait : « Impossible ! madame dîne à la maison. »

Enfin, le jour où Mlle Mars dîna chez Armand, Constance tendit la main à son mari qui escalada la fenêtre, armé d'une pince, fit sauter la serrure du meuble qui renfermait le coffret, prit les deux billets de banque qui se trouvaient dans le secrétaire et sortit par le même chemin par où il était entré.

Mulon et sa femme furent condamnés chacun à dix ans de travaux forcés.

Le premier subit sa peine au bagne, où nous allons le retrouver tout à l'heure; quand à Constance, les portes de Saint-Lazare ayant été forcées à la révolution de 1830, elle en profita pour s'évader.

Mlle Mars avait alors cinquante-trois ans; tous les journaux racontèrent, qu'interrogée sur son âge, suivant l'habitude, par le président, elle avait répondu à voix basse d'une façon presque inintelligible : Trente-neuf ans !

La chose est possible.

Cette publicité donnée à l'âge d'une femme, qui représente tous les soirs des ingénues, des amoureuses et des jeunes premières, devait être redoutée de l'illustre comédienne; mais tous ceux qui ont fréquenté sa maison avec une certaine familiarité, ont vu dans son salon un petit meuble de Boule qui avait été donné à sa mère par Marie-Antoinette. La mère de Mlle Mars était accouchée le même jour que la reine.

Marie-Antoinette fit un cadeau à toutes les femmes de France accouchées le même jour qu'elle. Ce petit meuble de Boule portait la date de la naissance de Mlle Mars, laquelle remontait, comme celle de la duchesse d'Angoulême, à 1778.

Or, jamais Mlle Mars n'a cherché à cacher son âge à ses amis.

En 1834, visitant le bagne de Toulon, je m'entendis appeler par mon nom.

Je me retournai.

Celui qui m'appelait était un forçat tenant une petite boutique de coco sculpté, de paniers en pailles et d'autres bimbeloteries telles qu'on en fait au bagne.

J'allai à cet homme, tout étonné de ma popularité, qui était descendue jusque chez les bonnets rouges.

Cet homme avait l'air parfaitement heureux ; il m'accueillit avec un sourire joyeux, me laissa quelque temps fixer les yeux sur lui et me dit :

— Allons, je vois bien que vous ne me reconnaissez pas.

— Je dois avouer, répondis-je, que je ne me rappelle pas où j'ai eu le plaisir de vous voir.

— Oh ! je *m'en* rappelle bien, moi, dit-il. C'est chez Mlle Mars que je vous ai vu.

— Ah ! fis-je, en effet.

— Oui, oui, dit-il en riant. C'est moi qui lui ai volé ses diamants.

— Il paraît que vous ne vous repentez pas trop de l'affaire ?

— Ah ! non, monsieur, et je ne changerais pas ma place contre celle de cocher, que j'avais à ce moment-là.

— Vraiment !

— D'abord, monsieur, ici, je suis on ne peut plus considéré ; il n'y a pas une personne qui vienne, qui ne dise aux surveillants : « Montrez-moi donc Mulon, celui qui a volé les diamants de Mlle Mars. »

Alors les personnes viennent et me font mille politesses ; je leur donne des détails sur le caractère de Mlle Mars, çà les intéresse.

Elle n'était pas bonne, vous savez, Mlle Mars.

— Le fait est qu'elle avait ses jours.

— Oui, qui venaient plus souvent que tous les dimanches.

— Voyons, qu'est-ce que vous allez m'acheter, monsieur Dumas ?

— Montrez-moi vos bibelots.

Je lui achetai en effet pour une dizaine de francs. Nous

causâmes un quart d'heure. Ce drôle-là avait connu tous ceux qui venaient chez Mlle Mars, et par conséquent tout notre monde artistique. Je comprends que sa conversation devait avoir un certain intérêt pour le public voyageur, toujours inquiet d'anecdotes.

En 1834, époque où je le vis, il n'avait plus que quatre ans à faire ; mais lorsque son jour de sortie fut arrivé, ce fut lui qui ne voulut plus sortir, il avait amassé pendant ses dix années de bagne, dans son commerce de chinoiseries, une dizaine de mille francs. Libre et sortant, pouvant compléter son étalage, il espérait gagner le double. Comme il s'était très-bien conduit pendant ces dix ans de bagne, je crois que la permission lui fut accordée d'y rester dix autres années.

Eh bien, voilà ce qui arrivera, quand on connaîtra les imitations de M. Framinet :

C'est qu'on aura, pour la satisfaction de son amour-propre, des diadêmes, des colliers, des bracelets, des boucles d'oreilles en vrai diamant qui resteront soigneusement enfermés dans quelque endroit inaccessible aux voleurs et que l'on montrera à ses amis. Ces diamants véritables seront imités à s'y méprendre par les diamants faux Framinet. Une parure de trois mille francs fera l'effet d'une parure de cent mille, et ceux-là que les femmes du monde mettront pour aller au bal, et les artistes dramatiques pour aller au théâtre.

Les voleurs s'y tromperont d'autant mieux, que moi, qui croyais me connaître en diamants, suis resté ce matin dans une hésitation de quelques minutes pour reconnaître à la loupe, au milieu d'une boîte de bagues, les bagues portant des diamants faux des bagues portant des diamants vrais, et je le répète, parce que c'est là où est ma conviction, c'est pour le théâtre surtout que cette invention si remarquable va être utile.

Les artistes qui ont de vrais diamants tremblent toujours pour leurs pierres ; elles ont peur du coiffeur qui entre dix fois par soirée dans leur loge ; elles ont peur de leur femme de chambre, chargée du soin de la précieuse cassette ; elles ont peur de tout et même des amies qui viennent les voir.

Plus de craintes pareilles : qu'elles fassent monter ces nouveaux diamants, et je défie, si la monture et l'écrin sont absolument pareils, qu'elles distinguent elles-mêmes l'écrin qui renfermera la parure de 500 fr. de celui qui renfermera la parure de 100,000.

Eh bien, quand les voleurs ne seraient retenus, ne pouvant distinguer les diamants vrais des faux que par la crainte de voler de faux diamants au lieu de vrais et d'aller aux galères pour un vol de cinquante francs, cette invention, il me semble, aurait déjà rendu un grand service à la société, en jetant le doute dans l'esprit de ces illustres industriels.

Puis, au point de vue moral, une jeune fille belle et sans fortune débute, et presque toutes débutent dans ces conditions; elle a besoin pour ses débuts de colliers, de bracelets, de bagues, de peignes, de bijoux enfin; elle craint d'être ridicule en portant des bijoux visiblement faux; elle craint d'être compromise en portant des bijoux vrais. Du moment où il sera impossible de distinguer les bijoux vrais des faux, elle achètera des bijoux faux, et ce ne sera plus dix ou vingt mille francs qu'il faudra pour ses débuts, ce sera trois ou quatre cents francs.

LE DIAMANT

De toutes les matières dont les hommes sont convenus de faire la représentation du luxe et de l'opulence, le diamant est la plus précieuse et la plus enviée.

Saint Augustin, saint Chrysostôme, en des temps reculés et, tout récemment encore, vingt moralisateurs, entr'autres le fougueux Dupin, se sont élevés contre le luxe effrené des femmes : L'extravagance des toilettes dites « tapageuses, » avait soulevé de terribles colères dans l'âme de ces hommes honnêtes et économes que nous voulons bien croire sincères, mais bast! ils ont eu beau lancer leurs foudres, bien que nous soyons loin des temps où les princesses avalaient des pierreries représentant le budget d'une province, les sermons et les discours n'empêchent certes pas les femmes d'adorer fleurs et rubans, chiffons et dentelles et par dessus tout les pierreries, le diamant!

Comme la pourpre, la soie, le velours, l'or et l'argent, en un mot, comme toutes les choses flattant le goût d'un peuple aimant le luxe, les diamants et les pierreries ont été plus d'une fois atteints par les lois somptuaires dont il est bon de dire un mot ici.

Lycurgue fut le premier qui fit des lois somptuaires : il voulait réprimer les excès du vivre et du luxe dans les vêtements. Il ordonna donc le partage des terres et défendit les monnaies d'or et d'argent.

Chez les Romains, le tribun Orchius fit une loi qui fut appelée de son nom : *Orchia*; elle défendait à toutes les femmes, sans distinction de condition, de porter des étoffes de différentes couleurs et des ornements qui excédassent le poids d'une once.

Parmi ces lois bizarres, il en fut d'atroces, dictées par la cervelle malade de quelque tyran. Celles de Zaleucus, cet ancien législateur des Locriens, sont fameuses. Elles ordonnaient qu'une femme ne se ferait point accompagner dans la rue de plus d'un domestique à moins qu'elle ne fut ivre; qu'elle ne pourrait sortir la nuit à moins que ce ne fut pour une aventure galante; qu'elle ne porterait point d'or ni de broderie sur ses habits à moins qu'elle ne se proposât d'être courtisane et que les hommes ne porteraient point de franges ni galons, excepté quand ils iraient dans de mauvais lieux.

Le luxe augmenta de beaucoup au retour des Romains de leur expédition en Asie. Jules César, lorsqu'il fut de retour à l'Empire défendit les habits de pourpre et garnis de *perles*.

La dernière loi romaine somptuaire est de l'empereur Léon, en 460, elle défendit à toutes personnes d'enrichir de *perles, d'émeraudes ou d'hyacintes* le frein de leurs brides ou les selles de leurs chevaux. La loi permit seulement d'y employer toutes autres sortes de pierreries excepté cependant aux mors des brides.

Les hommes pouvaient avoir des agraffes d'or à leurs tuniques ; mais sans autre ornements, le tout sous peine d'une amende de cinquante livres d'or.

Il n'y eut point de loi somptuaire en France jusqu'à Philippe-le-Bel, l'usage des pierreries étaient fréquent chez les gens nobles et surtout chez les gens d'église qui en enrichissaient leurs ornements sacerdotaux et les châsses où il renfermaient les reliques de leurs saints. Enfin, en 1294, Philippe-le-Bel défendit aux bourgeois de porter aucune « *fourrure* or, ni pierres précieuses. »

Les ouvrages d'orfévrerie furent défendus sous Louis XII en 1506 ; cela fut néanmoins révoqué en 1510, sous prétexte que cela nuisait au commerce.

Henri II, en 1549, défendit l'usage de l'or et de l'argent sur les habits, exceptant les boutons d'orfévrerie. A cette époque, les princes et les princesses seuls avaient le droit de porter velours cramoisi.

Non-seulement, les lois somptuaires ordonnées par les souverains atteignirent les pierreries, l'or et l'argent, mais elles allèrent jusqu'à défendre d'avoir des dorures sur du plomb, du fer ou du bois et de servir des parfums des pays étrangers.

Henri III, Henri IV, Louis XIII et Louis XIV firent aussi plusieurs lois pour essayer de réprimer le luxe envahissant des classes inférieures. Aujourd'hui, plus d'édits ridicules régissant les toilettes féminines au gré des caprices d'un souverain. La noblesse n'a plus le monopole de la parure et les diamants étincellent aussi bien sur les épaules plébéïennes d'une jolie bourgeoise que sur celles d'une princesse.

Comparés au diamant, les métaux les plus purs, l'or et l'argent ne sont que des corps bruts. Il réunit les plus belles couleurs de l'hyacinthe, de la topaze, de l'émeraude, du saphir, de l'améthyste et du rubis, etc., et il les dépasse toutes par son merveilleux éclat. Non seulement, il est plus brillant que toute autre matière minérale mais encore il est plus dur. Sa dureté et sa pesanteur spécifiques sont son vrai caractère pour les naturalistes. Sa dureté et sa transparence sont la cause du poli vif dont il est susceptible et des reflets éclatants dont il frappe les yeux.

Le diamant possède toutes ces qualités à un degré si éminent, que, dans tous les siècles et chez toutes les nations policées, il a été regardé comme la plus belle des productions de la nature dans le genre minéral. Aussi a-t-il toujours été le signe le plus en valeur dans le commerce et l'ornement le plus distingué dans la société.

La superstition des anciens lui attribuait, en médecine, une foule de propriétés, toutes fausses, comme bien vous pensez.

La découverte du diamant a sa légende, mais très-hypothétique.

On prétend que c'est au hasard qu'est due la découverte de la première mine de diamants.

Un berger indien gardait son troupeau; une pierre

roula sous ses pieds, et, comme cette pierre lançait des feux, elle lui parut jolie; il la ramassa et la plaça soigneusement dans sa cabane, où quelqu'amoureuse la lui ravit. Après avoir passé entre les mains de plusieurs personnes qui en ignoraient la valeur, elle tomba enfin dans celles d'un Anglais nommé Méthélo, marchand cupide, intrigant et connaissant les pierreries. Au premier coup-d'œil, il devina le prix du *caillou* qui venait de lui échoir, et flaira une fortune. A force de patientes et pénibles recherches, il découvrit enfin l'endroit où était située la mine et fit faire des fouilles au pied d'une montagne, près de la rivière de Christiena et peu éloignée de la forteresse de Golconde, dans l'Indoustan. Il y trouva une terre rouge, parsemée de veines, tantôt blanches et quelquefois jaunes, dont la matière avait quelque rapport avec la chaux, et, mêlés à cette terre, un grand nombre de cailloux semblables à celui trouvé par le berger. Cette mine devint si considérable dans la suite, qu'en 1622 elle occupait plusieurs milliers d'ouvriers.

Les mines de diamants sont fort rares; il semble que la nature soit avare d'une matière si parfaite et si belle. Jusqu'à ce siècle, on n'en connaissait guère que dans les Indes-Orientales, au Brésil et dans les montagnes de l'Oural, gouvernement de Peran. Les mines de Golconde et de Visapour sont connues depuis les temps les plus reculés; celles du Brésil, qui existent principalement dans la province du Minas-Geraës, ont été découvertes au commencement du XVIIIe siècle; celles des montagnes de l'Oural n'ont été découvertes que depuis peu d'années (1831).

Les plus connues, en Asie, sont dans les royaumes de Visapour, de Golconde, de Bengale, sur les bords du Gange et dans l'île de Bornéo. Le royaume de Pégu en possède aussi.

La plus importante de toutes est la mine de RAOLCONDA, dans la province de Garnatica, entre Visapour et Golconde. Dans cette contrée, la terre est sablonneuse, pleine de rochers et couverte de taillis. Les roches sont séparées par des veines de terre d'un doigt et quelquefois d'un demi-doigt de largeur; c'est dans cette terre que l'on trouve les diamants. Les mineurs tirent la terre avec des fers crochus et la lavent ensuite pour en séparer les diamants.

Il y a souvent jusqu'à soixante mille ouvriers, hommes, femmes et enfants, occupés à exploiter une mine. Lorsqu'on est convenu de l'endroit que l'on veut fouiller, on en applanit un autre aux environs, on l'entoure de murs hauts de deux pieds et, d'espace en espace, on laisse des ouvertures pour écouler les eaux; ensuite, on fouille le premier endroit; les hommes ouvrent la terre, les femmes et les enfants la transportent dans l'autre endroit qui est entouré de murs. La fouille ne va jamais à plus de douze ou quatorze pieds, parce qu'à cette profondeur on trouve l'eau. Cette eau n'est pas inutile; on en puise autant qu'il faut pour laver la terre qui a été transportée; on la verse par dessus, et elle s'écoule par des ouvertures que l'on a pratiquées et qui sont au pied des murs. Quand la terre a été lavée deux ou trois fois, on la laisse sécher, puis on la vanne au moyen de paniers faits comme les vans dont nous nous servons en Europe pour les grains. Après cette opération, on bat la terre grossière qui reste pour la vanner de nouveau; alors, les ouvriers cherchent le diamant à la main.

Il est, au Brésil, une contrée plus merveilleuse encore que Golconde, Cachemyr, Bassora et tous ces adorables lieux dont la fable et l'histoire même racontent tant de choses étonnantes.

Diamantin (ou des diamants) est un district situé dans la comarque du Cerro-Frio, qui fait partie du Minas-Geraës.

Dans les vingt premières années de sa découverte, on exporta plus de 1,000 onces (34 kilos) de diamants. Le produit annuel, quoique très-riche encore, est pourtant infiniment moindre. On l'évalue à 25,000 carats (5 kilos).

Outre ces pierres précieuses, le sol du Diamantin renferme aussi des mines d'or et d'argent.

Sur les montagnes, qui s'étendent depuis le cap Cormarin jusqu'au royaume de Bengale, il y a un peuple nommé *Hondus*, gouverné par de petits souverains qui prennent le titre de *Rajahs;* ce peuple ne travaille qu'à un petit nombre de mines, et encore avec beaucoup de précautions de peur d'attirer les noirs qui se sont emparés de la plaine. Les rois de Golconde et de Visapour ne font travailler que certaines mines particulières pour ne pas rendre les diamants trop communs, et encore se réservent-ils les plus gros; c'est pourquoi, en Europe, il y a si peu de diamants d'un grand volume.

Chacun sait le culte que les Indiens ont voué à leurs dieux. Leurs souverains voulaient que les plus beaux diamants tirés des mines de Golconde ornassent les fantastiques images de leurs idoles. Aussi, rien de plus riche que ces pagodes, dont les rêves orientaux et les féeriques palais des Mille et une Nuits ne sauraient donner une idée.

Vers le commencement du siècle dernier, un soldat français, de la garnison de Pondichéry, apprend qu'il existe, non loin de cette colonie, un temple où deux magnifiques diamants forment les yeux du dieu Bramah. Les habitants affirmaient que ces pierres, d'une grosseur et d'un éclat magiques, valaient à elles seules le plus riche trésor. Notre Français, soldat de fortune, à l'imagination ardente, gueux et ambitieux, conçoit le hasardeux projet de s'en emparer.

Donc, un beau jour, il déserte, se rase la tête, s'affuble d'une longue robe et se coiffe d'un turban ; depuis deux ans qu'il était aux Indes, le soleil lui avait donné une belle teinte olivâtre, à rendre jaloux l'Hindou le plus authentique; enfin, le voilà errant et baragouinant. Il prend d'abord du service dans un corps d'indigènes du Malabar, puis il embrasse la religion des Brames, et feint si bien le zèle fanatique de cette croyance, joue si bien son rôle, en un mot, qu'il est bientôt admis au nombre des ministres du dieu et que la garde du temple Scherigam lui est confiée.

Le coquin était adroit; il prit toutes ses précautions et sût tout disposer pour le larcin, et surtout pour qu'on ne l'arrêtat point dans sa fuite.

Il choisit une belle nuit d'orage, et, le cœur bondissant, plein de fièvre, il va droit au sanctuaire; une fois là, il se hisse à la hauteur de la tête grimaçante de la monstrueuse idole; alors, à l'aide d'un poignard, il lui mutile la face et arrache un des yeux brillants, objets de sa convoitise, mais l'autre résiste. Il fait de vains efforts; la lame de son poignard se brise, et l'aube va paraître; on peut le surprendre, le temps est venu de fuir; il lui faut donc se contenter de la moitié de la riche dépouille dont il eût voulu se charger. Sa patrie lui était fermée; c'est à travers mille périls qu'il traverse une partie du territoire et gagne les établissements anglais. Là, il cède à un commerçant, pour 50,000 francs, son diamant. Le nouvel acquéreur n'en connaissait guère le prix, car, de retour en Angleterre, il le vendit 4,500 livres sterling (112,500 fr.). La spéculation, sur ce précieux objet, ne pouvait s'arrêter que lorsqu'il serait devenu la propriété d'un monarque. Ce fut l'impératrice de Russie qui, en 1772, en fit l'acquisition, d'un négociant grec, au prix d'environ 13,000,000 francs et des titres de noblesse, outre une rente viagère. Ce diamant extraordinaire, d'une pureté sans pareille, est de la grosseur d'un œuf de pigeon et de forme ovale aplatie. Il pèse 779 carats et sa valeur, suivant le carré des poids, serait de 92,582,901 francs. Il est placé au haut du sceptre impérial de Russie, au-dessous de l'aigle.

En 1754, il y avait déjà vingt-trois mines ouvertes dans le royaume de Golconde.

Celle de *Quolure* : — Terre jaunâtre et blanche, dans les endroits où il y a quantité de petites pierres qui servent d'indice pour les mineurs. Les diamants sont, pour l'ordinaire, bien formés, pointus et d'une belle eau. Il y en a aussi de jaunes, bruns et d'autres couleurs; la plupart ne pèsent que depuis 1 grain jusqu'à 24; cependant il s'en trouve, mais rarement, de 40, 60 et 80 grains; ceux-ci ont une écorce luisante transparente et un peu verdâtre quoique le cœur de la pierre soit d'un beau blanc.

—*Mines de Codardillicub, de Malabar et de Buttphalem :* — Terre rougeâtre, de couleur approchante de l'orangé. Les diamants en sont petits, mais d'une belle eau; leur croûte est cristalline.

— *Mines de Rasniah, de Garem et de Muttampellée :* — Terre jaunâtre, beaucoup de leurs diamants sont d'une teinte blanchâtre,

— *Mines de Currure,* — Terre rougeâtre, leurs diamants pèsent jusqu'à 7 onces et 1/2 : Ils sont bien formés; Il y en a peu de petits, leur écorce est luisante et d'un vert pâle, et le cœur en est blanc.

— *Mines de Canjeconcta; Lattawaar :* — Ressemblent à celles de Currure, dont elles ne sont pas éloignées. On y trouve des diamants qui ont la forme du gros bout d'une lame de rasoir et sont d'une très-belle eau.

— *Mines de Jonagerie, de Pirai; de Duqullec, de Purwillée et d'Anuntapellée :* — Terre rougeâtre. — Les diamants y sont très-gros et de belle eau.

— *Mines de Wasergerrie et de Manneburg,* creusées de 40 à 50 brasses dans les rochers : — Terre rouge. — Les diamants en sont gros mais raboteux et de mauvaise forme.

— La mine de Langumboot; celles de Wootoor, de Rannulconeta, de Bonnugonapellée, de Pendekull, de

Moodanwarum, de Cummerwillée, de Paulkull et de Workull ressemblent à celles de Rannulconeta.

— *Mine de Muddemurg :* — Les diamants surpassent tous les autres en beauté, quoiqu'il s'en trouvent quelques-uns ayant des veines : on les reconnaît sans peine tant leur figure et leur eau sont belles. La plupart ne pèsent pas plus de 24 à 28 grains. — Terre rougeâtre.

— *Mine de Longepoleur :* — Terre jaunâtre. — Les diamants de cette mine sont bien formés, de figure ronde, d'une eau cristalline et d'une écorce luisante un peu épaisse et de couleur vert de pré obscure. Quelques-uns ont l'écorce marquée de noir ; cependant ils sont purs, blancs et claire en dedans, ces diamants pèsent au plus 8 à 12 grains ; il s'en trouve peu de petits.

— *Mine Bootloor.* — Terre rougeâtre. — Les diamants ne diffèrent des précédents qu'en ce qu'ils sont beaucoup plus petits,

— *Mines de Pouchelingull, de Schingarrampent et de Toudarpaar :* — Terre rougeâtre, peu de gros diamants.

Mines de Gundepellée : — Les diamants de cette mine sont d'une eau plus pur et plus cristalline que ceux des mines précédentes ; mais la couleur de la terre et la grosseur des pierres sont les mêmes,

Le diamant, au sortir de la mine, est revêtu d'une croûte obscure et grossière qui laisse apercevoir quelque transparence dans l'intérieur de la pierre; de sorte que les meilleurs connaisseurs ne peuvent pas juger de sa valeur; ainsi encroûté on le nomme *Diamant brut*. Dans cet état il a naturellement une figure déterminée comme le cristal de Spath. M. Wallérius, dans minéralogie, en distingue quatre espèces :

1° Le Diamant octaédre;

2° Le Diamant plat;

3° Le Diamant cubique.

La quatrième espèce ne mérite en aucune façon le nom de Diamant, ce n'est que du cristal de même que ces pierres qui passent sous le nom de *Diamants d'Alençon* et *Diamants du Canada ;* ce sont des cristaux composés d'une espèce de quartz hyalin d'une grande limpidité que l'on trouve dans les sables granitiques d'Alençon et qui ont la forme de pyramides à deux faces.

Les plus ordinairement le Diamant se trouve en grains irrégulièrement arrondis ayant la forme du cube, de l'octaédre régulier ou du dodecuédre rhomboïdal.

Le mot diamant vient du grec *adamas*, indomptable, à cause de sa dureté et de son incombustibilité supposée. C'est un corps vitreux, transparent, doué d'un éclat très-vif, formé par le carbone cristallisé, c'est le plus dur de tous les corps connus. Il raie tous les minéraux et n'est rayé par aucun. Il résiste à la lime et ne peut être poli qu'à l'aide de la poudre du diamant même. Quoique très-dur, le diamant se casse assez facilement lorsqu'on agit dans le sens de son *clivage*. — Sa densité est de 3,5. Il n'est ni volatil ni fusible et résiste parfaitement au feu le plus violent quand on le chauffe à l'abri de l'air, mais il brûle très facilement dans le gaz ozygène et se transforme alors en acide carbonique. Il est ordinairement sans couleur, cependant quelquefois il prend des teintes bleues, jaunes, roses ou brunes. Sa couleur varie à l'infini; on en trouve de toutes nuances et de toutes couleurs. Le diamant vert, lorsque sa couleur et d'une bonne teinte, est le plus rare; il est aussi le plus cher. Le diamant couleur de rose et le bleu sont très estimés, même le jaune.

Le noir et le roux sont généralement regardés comme de mauvaises teintes qui, d'ailleurs, offusquent la pierre.

Longtemps les opinions des savants furent partagées : On se demandait ce que c'était que cette pierre mystérieuse. En 1694, deux savants académiciens de Florence : Averoni et Targioni, firent les premières expériences sur la combustibilité du diamant : ils placèrent un diamant au foyer d'un miroir ardent et la combustion s'effectua.

Longtemps après, François Etienne de Lorraine, depuis grand duc de Toscane et enfin empereur sous le nom François 1er, fit, à Vienne, une nouvelle série de recherches sur ce corps étrange, dont il opéra la combustion à l'aide de fourneaux ordinaires.

De 1766 à 1772, ces expériences furent répétées de toutes les manières, en France, par d'Arcet père, Rouelle, Macquer, Lavoisier et plusieurs autres savants. Lavoisier s'assura que le diamant est combustible, qu'il donne de l'acide carbonique et qu'il est, par conséquent, formé de carbone pur.

En mesurant l'action du diamant sur la lumière, Newton avait reconnu qu'il devait être rangé parmi les substances combustibles. Cependant on était encore loin de penser que ce fut du charbon et rien de plus; que cette matière opaque et noire, dans l'état où nous la voyons habituellement pût acquérir les qualités directement opposées par le seul effet de la cristallisation.

Les joailliers de Paris se refusaient à croire cela, il fallait vaincre leur incrédulité. Alors, on fit, devant eux, avec le plus grand soin, des expériences authentiques qui ne laissèrent aucun doute sur ce fait chimique.

La science a prouvé que le diamant n'est que du charbon ou, pour être plus exact, du *Carbone* cristallisé; car ce qu'on appelle vulgairement charbon, quelle que soit son origine, n'est que du *Carbone* plus ou moins combiné avec d'autres matières.

C'est au pouvoir réfrigèrent et au pouvoir dispersif considérables qu'il possède que le diamant doit l'éclat de ses feux; ils l'ont rendu un des corps les plus précieux employés en joaillerie. En raison de sa grande dureté, il sert à former des pivots pour les pièces délicates d'horlogerie, à polir les pierres fines et à couper le verre. Celui que les vitriers emploient principalement est le diamant cristallisé à arêtes courbes dit *Diamant de nature.*

Les anciens ignoraient l'art de tailler le diamant. En 1476, Louis de Berquem, jeune noble de Bruges, ayant remarqué que deux diamants frottés l'un contre l'autre s'usaient mutuellement, eût l'idée de tirer partie de cette observation pour tailler le diamant.

Le premier diamant taillé fut porté par Charles-le-

Téméraire : il était, il y a quelques années, parmi les joyaux du trésor de la couronne d'Espagne.

Peu de corps d'état le cèdent en ancienneté à celui des lapidaires, composé presqu'entièrement de compagnons-orfévres, dans les premiers âges, il fut définitivement constitué en 1584.

Donnés par Saint-Louis, les Statuts de ce corps furent confirmés par Philippe-le-Bel, en 1290. Les lapidaires y sont appelés « *Estaillers-Pierriers de pierres naturelles.* »

L'article XI de ces Statuts défendait de travailler en *pierres fausses* et « *de joindre verre en couleur de cristal par teinture ni par peinture nouvelle.* Il fut confirmé par sentence du Châtelet, du 23 janvier 1381 et par l'article 17 de l'ordonnance de Henri II, donnée à Fontainebleau, qui maintenait les maîtres jurés et les gardes de l'orfévrerie de Paris dans le droit de visite chez les lapidaires.

L'apprentissage était de sept ans, le compagnonnage de deux autres années, et l'exécution du chef-d'œuvre était nécessaire pour parvenir à la maîtrise. Chaque maître ne pouvait avoir qu'un seul apprenti.

Les maîtres ne pouvaient avoir plus de deux roues tournantes. On comptait alors soixante-douze maîtres lapidaires à Paris, aujourd'hui on en compte tout au plus vingt-cinq.

La taille augmente considérablement l'éclat du diamant. Elle s'exécute au moyen d'une plate-forme horizontale en acier très-doux, qu'on recouvre de poussière de diamant dite *égrisée,* délayée dans de l'huile. On appuie le diamant contre la plate-forme pendant qu'on la tourne rapidement. Il y a deux espèces de taille : la *taille en rose* qui ne s'emploie que pour les diamants de peu d'épaisseur, et la *taille en brillants,* qui est la plus recherchée. La taille en rose présente à son sommet une pyramide à facettes triangulaires et une large base plate destinée à être cachée dans la monture. Les diamants taillés en brillants ont, à leur partie supérieure, une face assez large ou *table,* entourée de facettes triangulaires nommées « *dentelles* » et de facettes en lozanges. La partie inférieure se termine par une sorte de pyramide garnie aussi de facettes ou *pavillons,* destinée à réfléchir la lumière qui a traversé la pierre; cette pyramide est tronquée par une petite *table* ou *culasse.* Les brillants sont toujours montés à jour, de façon à ce que la lumière fasse valoir tous leurs reflets.

Nous avons dit plus haut que les gros diamants étaient rares : les plus célèbres sont : celui du Rajah de Matan, dans l'île de Bornéo, qui pèse 367 carats (1), plus de soixante-quinze grammes.

Celui de l'empereur du Mogol, dit le *Koï-Noor (Mont de Lumière),* est une rose de la plus belle eau, pesant 279 carats.

Celui de l'empereur du Brésil.

Celui du Nizam qui, dit-on, pèse brut 400 carats.

L'*Etoile-du-Sud,* de 254 carats 1/2, trouvé au Brésil, en 1853.

Le diamant taillé qui passe pour le plus beau en raison

(1) Le Carat est de 4 grains pour les diamants.

de sa forme et de sa limpidité est celui qui, parmi les diamants de la couronne est connu sous le nom de *Régent*. Il fut acheté pendant la minorité de Louis XV, par le duc d'Orléans, alors régent, d'un anglais nommé Pitt, qui l'avait rapporté de l'Inde. Il pèse 136 carats 3/4 et fut payé deux millions cinq cent mille francs. Il est de forme presque carrée, et sa hauteur est de neuf lignes. Alors que Napoléon était premier consul il en décorait le nœud de son épée d'apparat. Plus tard, il servit quelquefois d'agraffe ou de bouton à la ganse du chapeau impérial. Le *Sancy*, ainsi nommé parce que ce fut M. de Harlay, baron de Sancy, ministre de Henri IV, qui, au retour d'une ambassade à Constantinople, l'apporta au roi. Il pèse 106 carats, et ne coûta que 600,000 fr. Il fait aujourd'hui partie des diamants de la couronne.

Tavernier estime le diamant du grand duc de Toscane, de 139 carats, à 2,608,335 fr. Il est de la grosseur d'un œuf de pigeon. On ne montre aux étrangers qu'un modèle de cette pierre, qui est en cristal de roche, suspendu par un fil à l'entrée de la magnifique armoire qui est au fond de la salle nommée la Tribune, dans le palais du grand-duc.

Le même raconte encore qu'il vit, dans le trésor du Grand-Mogol, un diamant merveilleux. Ce riche échantillon des mines de l'Indoustan pesait 270 carats, et était estimé 11,723,275 fr.

En France, les fameux diamants de la couronne ou plutôt les joyaux qui font partie de la dotation mobilière de la couronne comprennent : 64,812 pierres fines ou perles qui pèsent 18,751 carats et valent 20,900,260 fr.

On y remarque, surtout la couronne impériale qui

n'offre pas moins de 5,206 brillants, 146 roses et 59 saphirs; le tout d'une valeur de 14,702,788 francs 85 centimes. En 1792, ces diamants furent volés au garde-meuble, mais ils furent bientôt retrouvés, grâce aux indications d'un anonyme qui, peut-être, était l'un des voleurs.

Si nous remontons jusqu'aux temps les plus reculés nous y trouvons la preuve que toujours les femmes portèrent des bijoux.

Les dames romaines portaient des pendants d'oreilles, des colliers et des bracelets à trois rangs : ces bijoux manquaient de légèreté; quelques-uns, larges et sans grâce étaient d'or massif, enrichis de perles, de pierres de couleur, et surtout d'émeraudes et d'opales. Chez les peuples d'Asie et surtout les Lydiens, les Perses et les Babyloniens hommes et femmes portaient des boucles d'oreille. Chez les Grecs et chez les Romains, cet ornement, qui était à l'usage exclusif des femmes, se composait habituellement d'un anneau d'or ou de bronze auquel étaient fixés des pendeloques d'or finement travaillés et souvent enrichi de perles ou de pierres précieuses. Les pendants d'oreilles, selon Pline, l'ancien, étaient la partie la plus coûteuse de l'ajustement des dames romaines : — « Souvent, une paire de boucles « d'oreilles, dit Sénéque, valait un riche patrimoine. »

Au temps de Néron, à Rome, il n'y avait que les femmes d'un rang élevé qui portassent des bracelets composés, presque toujours de bandes de métal ornées de pierres précieuses et de beaux camées, à Rome les bijoux les plus en faveur étaient les bagues : hommes et femmes en faisaient grand usage; ce fut d'abord à l'index qu'on les porta, puis au doigt voisin du petit doigt, en sorte que tous les doigts s'en trouvèrent chargés, à l'exception de celui du milieu. On changeait de bagues selon les saisons, on en avait de légères pour l'été et d'autres plus lourdes et chargées de plus grosses pierres pour l'hiver. M. Alphose Chevassus, à qui nous empruntons ces détails, affirme que dans le cabinet de quelques antiquaires, on voit encore de ces bagues qui pèsent jusqu'à une once.

En France, sous Henri III, c'était encore la mode de porter trois bagues à la main gauche ; une au second doigt, une autre au quatrième et la troisième au petit doigt.

Les anciens connaissaient le diamant, mais ils ne savaient point lui donner son brillant par la taille et par l'art de le monter, aussi en faisaient-ils peu de cas ; ils estimaient beaucoup plus les pierres de couleur et surtout les perles.

On rencontre des diamants auxquels la nature a donné naturellement la taille et qui, ayant roulé parmi les sables, dans le lit des rivières rapides, se trouvent polis naturellement et tout à fait transparent ; quelques-uns même sont facettés. Ces sortes de diamants bruts se nomment *Bruts ingénus* et, lorsque leurs figures sont pyramidales et se terminent en pointes, on les appelle *Pointes naïves*.

Il n'y a pas d'apparence que les anciens aient recherché d'autres diamants que ces derniers : les quatre qui enrichissent l'agraffe du manteau royal de Charlemagne, conservée au trésor de Saint-Denis, ne sont que des pointes-naïves.

Tout imparfaits qu'étaient ces diamants que la nature avait ainsi formés, on ne laissa pas de les regarder comme ce qu'elle offrait de plus rare, et Pline remarque que, pendant longtemps, il n'appartint qu'aux rois et aux plus puissants d'en posséder quelques-uns. On soupçonnait Agrippa, dernier roi des Juifs, d'entretenir un commerce incestueux avec Bérénice, sa sœur; et le précieux diamant qu'il mit au doigt de cette princesse confirma ces soupçons, tant on avait conçu une haute idée de cette pierre inestimable.

Depuis François Ier jusqu'à Louis XIII, toutes les parures n'étaient composées que de perles et de pierres de couleur, on portait des agraffes de différentes pierres au milieu desquelles on attachait parfois un diamant.

Les femmes conservèrent l'usage des perles jusqu'à la mort de Marie-Thérèse d'Autriche : c'est à peu près l'époque où les diamants brillants commencèrent à devenir en vogue et à obtenir la préférence sur toutes les autres pierres précieuses.

Chaque pierre précieuse a sa couleur bien distincte et ses qualités particulières qui lui assignent un rang dans la classification minéralogique, et lui donnent une valeur plus ou moins considérable. Dans ces *cailloux* charmants, qui font glisser tant de pécheresses, les savants ne voient que des composés chimiques dont la description ne dit rien au cœur, parce que la science aride glace l'âme et semble écarter toute poésie, et pourtant, voyez-les, ces pierreries mignonnes, comme elles chatoient, comme leurs rayons parlent au cœur en même temps qu'ils charment les yeux.

En voici qui ont la teinte azurée, profonde comme le

regard de la bien-aimée; d'autres, d'un vert superbe, rappellent la mer; la mer harmonieuse comme un chant d'amour, pendant le calme; terrible, comme la voix d'un dieu courroucé, pendant la tempête. En voici qui semblent des étoiles; pures, limpides, blanches et sans taches, elles font songer à l'âme des vierges. Misère! l'auréole resplendissante, dont l'esprit du poëte se plaît à environner ces mignonnes filles de la nature, tombe devant l'analyse brutale.

Enfin... analysons!!!

SAPHIR.

De couleur bleue, le *Saphir* est une pierre précieuse fort estimée, qui est une variété de corindon. On donne le nom de *Saphirs mâles* à ceux qui ont la nuance bleue profonde de l'indigo; ceux qui sont d'un bleu azur, sont appelés *Saphirs femelles.*

Il est une autre variété de corindon, limpide et incolore, rayant fortement le cristal. Son éclat et sa limpidité lui donnent une telle ressemblance avec le diamant, qu'il est facile de s'y tromper : c'est le *Saphir blanc.* Quand il est très-incolore et d'une belle grosseur, son prix est élevé. Le *Saphir d'eau,* à la cordiérite, est une substance bleuâtre ou violâtre du genre Épidote.

La *Saphirine* est une variété de calcédoine, bleuâtre ou violâtre, employée pour la gravure.

On estime beaucoup les *Saphirs* de Ceylan et de l'Inde; ceux de Sibérie sont d'une valeur bien moindre.

La nuance bleu velouté du *Saphir*, qui semble réfléchir l'azur du ciel, était très-renommée chez les anciens, qui la comparaient au printemps et consacraient à Jupiter le *Saphir oriental*. Le *Saphir d'eau* servait autrefois à enrichir les grands-prêtres du paganisme.

RUBIS.

Les variétés de *Rubis* sont nombreuses.

Le *Rubis oriental*, originaire des royaumes d'Ava et de Pégu, et des hautes montagnes de l'île de Ceylan, d'où ils sont apportés par des torrents dans le lit des rivières où ils se trouvent. C'est une espèce de corindon cramoisi.

La *Topaze brûlée*, qu'on appelle aussi *Rubasse* et *Rubacelle*.

Le *Rubis de Bohême* et le *Rubis de Hongrie* : Grenat. C'est un rubis de cette espèce qui servit au célèbre Coli pour graver la tête du chien Syrius. Cette gravure, que l'on admire à la Bibliothèque impériale, est, à juste titre, considérée comme un chef-d'œuvre.

Le *Rubis de Sibérie* : Tourmaline cramoisi-violacé.

Le *Rubis occidental* : Quartz hyalin rose.

Le *Rubis-Spinelle*, d'un rouge ponceau, coloré par l'acide chromique; originaire du royaume de Pégu et des montagnes de Cambaye.

Le *Rubis-Balais*, d'une teinte rosâtre, rouge de vinaigre ou lie-de-vin. On le trouve dans les Indes, mais plus fréquemment au Brésil.

ÉMERAUDE.

L'*Émeraude* est composée de silice, d'alumine et de glucyne. On en distingue trois sortes, qui sont : l'*Émeraude*, le *Béryl* et l'*Aigue-Marine*.

Elle raye le quartz et se laisse rayer par la topaze; sa densité est 2.7.

C'est à l'oxyde de chrôme que l'*Émeraude* verte, appelée aussi *Émeraude orientale* ou *Émeraude du Pérou,* doit sa coloration. Quand elle est pure, elle prend place immédiatement après le diamant et le rubis. On la trouve dans la vallée de Tunco, aux environs de Santa-Fé-de-Bogota, dans la Colombie, près d'Aman, en Égypte. L'Oural et quelques autres localités en fournissent aussi.

C'est de la Haute-Égypte que les anciens tiraient les leurs; un voyageur français, Cailbaud, a retrouvé le gîsement qu'exploitaient les anciens Égyptiens au Mont Zabarah, près de Cosseir.

Le *Béryl,* ou *Aigue-Marine* Péridot, est faiblement coloré en vert jaunâtre, et quelquefois il est complétement incolore. Marie-Antoinette adorait cette pierre; le jour de son supplice, elle portait plusieurs bijoux ornés de béryls.

On trouve cette pierre en Sibérie et au Brésil.

L'*Aigue-Marine* doit son nom à sa couleur vert-bleuâtre, qui se rapproche de celle de l'eau de mer ; les variétés les plus pures proviennent de la Daourie, frontière de la Chine ; on trouve des *Aigues-Marine* au Brésil, en Sibérie et même en Saxe.

TOPAZE.

Composée de silice, d'alumine et de fluorme d'aluminium, la *Topaze* est une pierre fine, transparente et d'une couleur jaune de jonquille tantôt nuancée de verdâtre, tantôt éclatant comme l'or. Si le *Saphir femelle* semble réfléchir l'azur profond des cieux, la *Topaze* semble un écho terrestre des rayons resplendissants au soleil, aux flèches d'or. Elle cristallise à prisme rhomboïdaux et raye le Quart;z; sa densité est de 3.5 environ. Elle nous vient de Ceylan, du Pégu et de quelques autres contrées des Indes-Orientales. On la rencontre généralement dans les terrains de cristallisation ou dans les amas métalliques ; elle est également abondante dans les terrains d'Alluvion. Infusible au chalumeau, elle est attaquable par les acides, après fusion au sel de soude; elle s'électrise par la chaleur et le frottement.

La *Topaze gemme*, ou *Topaze* proprement dite, est la plus recherchée en bijouterie. Parmi les variétés, on estime particulièrement la *Topaze orientale*. D'une dureté égale au *Saphir* et au *Rubis oriental*, elle ne diffère de ces derniers que par sa couleur jaune jonquille très-pur et d'une belle transparence.

Selon Pline, le nom de *Topaze* lui vient de ce qu'on la trouve dans l'île de Topazon, dans la Thébaïde.

La *Topaze* du Brésil fournit des sous-variétés assez nombreuses de couleurs variées jaune, orangée, jonquille, rose-pourprée.

La *Topaze pourprée* porte, dans le commerce, le nom de *Rubis du Brésil*.

La *Topaze de Saxe*, espèce commune, d'un jaune pâle, n'est employée que dans la bijouterie commune.

La *Topaze de Siberie* : Blanche, bleuâtre ou verdâtre.

La *Topaze brûlée*, variété qu'on obtient en exposant la Topaze à l'action de la chaleur.

Ce fut le joaillier Dumelle qui, en 1751, modifia ainsi, pour la première fois, la Topaze. Cette variété plût, et aujourd'hui on l'estime encore beaucoup.

Il y a encore la *Topaze Pyénite* ou *Leucolithe d'Altenberg*, d'un blanc jaunâtre ou verdâtre, et la *Topaze Pyrophisalithe*, blanche ou verdâtre, qui n'offre aucun intérêt.

AMÉTHYSTE.

Les anciens, qui employaient l'améthyste à faire des parures, la désignaient par différents noms : les uns *Pédéros* ou *Antéros*, les autres l'appelaient : *Pierre de Vénus*, et lui attribuaient, dit Pline, cette singulière vertu de préserver de l'ivresse.

L'Améthyste est une pierre de couleur violette, plus

ou moins foncée, tantôt uniforme, tantôt entremêlée par bandes parallèles ou par zones en zigzags avec un quartz blanc. Certaines améthystes renferment des aigrettes de fer qui, parfaitement distinctes, semblent mobiles et paraissent voltiger sur la matière de l'améthyste.

L'améthyste doit sa coloration à l'oxyde de manganèse. On en trouve parfois des masses assez considérables pour qu'on y puisse tailler de petites colonnettes ou des coupes.

L'anneau pastoral des évêques est orné d'une améthyste, ce qui a valu à cette pierre le surnom de *Pierre d'évêque.*

Les améthystes claires, très-fréquentes, servent pour les parures. On trouve les plus belles à Carthagène, dans l'Inde et dans les Asturies. Le Brésil et la Sibérie fournissent un quartz coloré en violet, qui est l'améthyste du commerce.

TOURMALINE.

La tourmaline est un silicate alumineux borifère, renfermant des quantités variables de potasse, de soude, de magnésie, de lithine, de fer et d'oxyde de manganèse. Sa cristallisation appartient au système rhomboëdrique ; sa densité moyenne est 3.25. Elle raye le quartz et se laisse rayer par la topaze.

Tantôt opaque ou légèrement translucide et tantôt transparente, la tourmaline est ordinairement de couleur noire ; cependant on en trouve de rouges, bleues, vertes qu'on désigne sous les noms de *Rubellite, Indicolithe, Emeraude du Brésil*, etc.

Elle produit généralement peu d'effet, aussi ne l'emploie-t-on habituellement que dans la bijouterie commune. Les tourmalines se rencontrent le plus souvent dans les terrains de cristallisation. Les dépôts de pegmatites et les dolomies du Saint Gothard en fournissent beaucoup, celles qui nous viennent du Brésil, du Ceylan et de l'Orient nous arrivent toutes taillées.

OPALE

Il y en a de plusieurs sortes : la plus recherchée est l'*opale irisée* que l'on appelle aussi *opale noble* ou *opale orientale*, resplendissante, incolore elle a des reflets d'iris aux teintes vives et variées.

L'*opale chatoyante*, est le *Girasol*, pierre d'une transparence laiteuse mais dont les reflets sont chatoyants.

Il y a encore l'*opale miellée*, d'un rouge orangé avec des reflets rouge de feu. L'*opale hydrophane*, blanche, poreuse et légèrement translucide : elle acquiert des reflets irisés quand on la plonge dans l'eau.

M. Chevassus raconte que Monius, sénateur romain était tellement attaché à une belle opale, dont il était possesseur qu'il aima mieux être exilé de sa patrie, que de la céder à Marc-Antoine qui désirait l'avoir.

L'opale se présente en stalactites au milieu des roches argileuses : Elle nous vient de Chypre et d'Arabie, d'Égypte, de Saxe et de Bohême. Les plus communes dans le commerce nous arrivent de Hongrie.

TURQUOISE.

C'est un phosphate d'alumine et de chaux coloré par de l'oxyde de cuivre qui lui donne une nuance bleu clair ou verdâtre. Cette matière opaque, assez dure pour prendre un beau poli se trouve en Perse et en Syrie, dans les terrains d'alluvion, on la taille en cabochon et on la monte le plus ordinairement avec un entourage de diamants ou de rubis.

Il y a une autre sorte qu'on appelle *Topaze occidentale* ou *de la Vieille-Roche,* que l'on croit être des fragments d'os fossiles qui devraient leur coloration au phosphate de fer. Sa couleur pâlit et devient d'un bleu grisâtre à la lueur d'une bougie. Elle a peu de prix. On en trouve en France, dans le département du Gers, et en Suisse, dans le canton d'Argovie.

IADE.

Cette pierre, qui nous vient d'Orient est un composé de silice, d'alumine, de magnésie et d'oxyde de fer, fort difficile à polir à cause de son extrême compacité elle est d'une teinte verdâtre ou olivâtre quelquefois d'un blanc laiteux ou vert clair. Les Chinois utilisent cette pierre à orner des poignées d'armes et à faire des amulettes ils lui attribuent cette propriété de guérir plusieurs maladies, entr'autres les coliques néphrétiques : de là le nom de *Jade nephrétique*.

LAPIS.

Originaire de Sibérie, près du lac Baïkal, dans la Boukharie, dans le Thibet et dans plusieurs provinces de la Chine, le *Lapis-Lazuli* appelé aussi *Lazulite* et *Pierre d'azur* est un silicate d'alumine et de soude mêlé d'un peu de soufre et d'oxyde de fer; il raie le verre et sa densité moyenne et de 2. 85.

On le rencontre rarement cristallisé. Le lapis, d'une belle couleur bleue et fréquemment employé pour le placage des ornements intérieurs de chapelles, de salons, etc. On cite particulièrement le palais Orlof, que Catherine II fit bâtir à Saint-Pétersbourg et dans lequel on admire plusieurs appartements dont les murs sont tout incrusté de cette précieuse substance. Le lapis sert aussi à orner des bracelets, des bijoux et de petits meubles.

GRENAT

On en distingue six espèces qui sont : l'*Almandine* ou *Grenat alumino-ferreux;* la *Grossulaire* ou *Grenat alumino-calcaire;* la *Spessartine* ou *Grenat alumino-*

manganésien; le *Grenat noir d'Arendal* ou *Grenat alumino-magnésien;* la *Mélanite* ou *Grenat calcaréo ferrique;* et l'*Ouwarovite* ou *Grenat calcaréo-chromique.*

Le plus ordinairement les grenats sont nuancés d'une teinte qui varie du rouge noirâtre au rouge orangé en passant par le rouge vif qui est leur caractère typique. il en existe cependant de blancs, de jaunes, de verdâtres. L'*Ouwarovite* est d'un beau vert émeraude. Tous sont composés de silice, d'alumine et d'oxyde de fer, et contiennent souvent de la chaux et du manganèse.

Vitreux et fusibles au chalumeau, ils cristallisent dans le système cubique.

Le *Grenat oriental,* quand il est d'un beau rouge limpide est d'un prix assez élevé; il est, selon plusieurs savants, l'*Escarboucle* des anciens. On trouve le Grenat dans les terrains de cristallisation. Le *Grenat oriental* nous vient de l'Indo-Chine; et l'on tire de la Hongrie et de la Bohême ceux que l'on appelle *Grenats nobles.* Les plus communs viennent du Tyrol.

JARGON.

Le Jargon est un silicate non alumineux cristallisant sous la forme prismatique. Sa couleur est d'un jaune souci. Son éclat a beaucoup de rapport avec celui du diamant. Il nous vient de Ceylan, du Pégu et de la rivière des Kirtna, au nord de Madras.

AVENTURINE.

La découverte de l'*Aventurine* est toute une histoire. Un ouvrier vénitien laissa tomber un peu de limaille métallique dans un creuset contenant une fusion vitreuse et l'effet de ce mélange étant à la fois original et charmant, il essaya de le reproduire et y réussit.

L'aventurine de Venise était inventée !

Cette pierre dont le secret resta longtemps entre les mains des Vénitiens fut très recherchée et servit à fabriquer des bijoux fort estimés. Lebaillif, chimiste français, ayant analysé avec soin ce mélange essaya de l'imiter, mais il n'y réussit qu'à demi, lorsqu'après lui, deux autres chimistes, Frémy et Clémandot, obtinrent un plein succès : leur procédé consistait à faire chauffer pendant douze heures un mélange de verre pilé (200 parties), de protoxyde de cuivre (40 parties), et d'oxyde de fer provenant des battitures de forge (80 parties), puis à soumettre la masse en fusion à un refroidissement lent.

On appelle en minéralogie *Quartz-Aventuriné,* une variété de quartz à fond blanc, verdâtre, jaune ou brun, parsemé de points brillants qui lui donne quelque ressemblance avec l'Aventurine artificielle.

LE STRASS.

Incolore, le strass sert à imiter les diamants et les roses. Si on le combine à divers oxydes métalliques, on arrive à imiter les pierres colorées : dans ce cas, il prend le nom de *fondant* que lui avait donné Fontanier, dans un ouvrage intitulé « *L'art d'imiter les pierres précieuses,* » et publié en 1778.

Les matières essentielles à la composition du strass, sont la silice, les oxydes de plomb et de potasse ; on y ajoute assez ordinairement une petite quantité de borax et quelques grains d'arsenic blanc, mais on peut s'en dispenser. On emploie avec le même succès le cristal de roche, le sable et même le silex pyrotechmaque, pour que ces derniers soient privés de la petite quantité de fer qu'ils renferment.

Dans cette vue on fait rougir ces substances et on les jette en cet état dans de l'eau froide. Elles se fendillent et se divisent en fragments que l'on pulvérise.

On fait digérer la pierre dans de l'acide hydrochlorique pendant plusieurs heures on ayant soin d'agiter le mélange ; la poudre est lavée ensuite avec soin, jusqu'à ce que l'eau ne colore plus la teinture de tournesol.

On peut se servir indistinctement du minium, de la céruse et même de la litharge, pourvu que ces divers oxydes soient purs. On doit employer de préférence la potasse la plus belle et encore mieux la potasse purifiée à l'alcool.

Comme pour toutes les opérations où les réactions chimiques jouent un rôle important, il est préférable sinon indispensable de prendre à l'état de pureté parfaite les matières qui composent le strass. Il est certain cependant qu'avant l'époque où l'on a prétendu que le succès dépendait absolument de la pureté parfaite des matières, un lapidaire habile, M. Lançon, ayant peu de théorie, mais beaucoup de pratique et une grande habitude de la manipulation, faisait sans prendre tant de précautions et depuis longtemps déjà, du strass de beaucoup supérieur en beauté à celui d'Allemagne en employant le mélange suivant :

Litharge......................	100 livres.
Sable blanc	75
Potasse du tartre...............	10

Ce même artiste lapidaire colorait son strass de manière à imiter parfaitement l'émeraude, le saphir et l'améthyste.

La Société d'encouragement qui sans doute ignorait que M. Lançon était déjà parvenu au perfectionnement qui lui paraissait désirable, proposa un prix pour le fabricant qui présenterait du strass français supérieur ou du moins égal au plus beau strass acheté à l'étranger et qui imiterait le mieux les pierres naturelles colorées.

Deux concurrents se mirent sur les rangs : M. Lançon, dont nous avons déjà parlé, et M. Douault Wiélaud, joailller : tous deux présentèrent au terme fixé des blocs de strass brut blanc et coloré, fabriqué sous les yeux des commissaires, et qui fut jugé par les experts lapidaires bien supérieurs aux strass d'Allemagne et de Suisse.

Le dernier, dont le mémoire rédigé avec beaucoup plus de méthode, annonçait des connaissances positives et qui, d'ailleurs, avait réussi à imiter la topaze et lerubis, dont son concurrent ignorait la composition, eut le prix, et M. Lançon obtint une médaille d'or.

Pour fondre la matière les creusets de Hesse doivent

être préférés, on peut cependant se servir des creusets de porcelaines : on les place soit dans le four à potier, soit dans un four construit exprès pour fondre le strass. Ce four est cylindrique et terminé en dôme, ayant à peu près la forme d'une ruche ou d'une borne, haute de sept pieds et de quatre pieds de diamètre; il a beaucoup de rapports avec celui décrit dans l'ouvrage de Fontanier; les creusets restent de 24 à 30 heures au feu. Ce n'est pas tant une forte chaleur qu'ils doivent éprouver, qu'une chaleur graduée et continue, et, plus la fusion est tranquille et prolongée, plus le strass a de dureté et de beauté. Il faut que le refroidissement soit lent et l'on ne doit retirer les creusets qu'alors que le fourneau est entièrement refroidi.

La fabrication des matières propres à imiter les pierres naturelles, exige beaucoup de soins, pour arriver à un résultat parfait.

Une grande pureté des matières, leur pulvérisation soignée, souvent leur porphyrisation, leur mélange exact et répété à travers un tamie de soie bien fin et qui ne doit servir que pour les mêmes matières; un feu bien conduit et gradué avec soin, de bons creusets sont autant de précautions indispensables desquelles dépend le succès des opérations.

Voici quelques-unes des combinaisons chimiques propres à donner de belles imitations de diamant :

STRASS (blanc).

Cristal de roche................ 225 gr. 02

Minium...........................	350	»
Potasse pure...................	119	50
Borax..............................	15	02
Arsenic...........................	»	60

2ᵉ FORMULE.

Sable..............................	200 gr.	»
Céruse de Clichy.............	375	»
Potasse...........................	70	»
Borax..............................	20	»
Arsenic...........................	60	60

3ᵉ FORMULE.

Cristal de roche...............	192 gr.	»
Minium...........................	296	»
Potasse...........................	108	»
Borax..............................	12	»
Arsenic...........................	»	30

Le stras que l'on obtient pour résultat de la fusion de ces combinaisons vitreuses est de toutes les sortes dans la composition desquelles entre l'oxyde de plomb, celle qui en renferme la plus grande quantité. Ainsi le cristal en contient moins que le *flint-glass* et ce dernier moins que le strass.

De la comparaison des analyses qui ont été faites de ces trois composés artificiels, il résulte que la quantité d'oxyde de plomb, sur 100 parties, est de 33 pour le cristal, de 43 pour le flint-glass, et de 53 pour le strass; la quantité de silice est de 61 pour le premier, 42,50 pour le second, et 38 pour le troisième.

Il faut, bien entendu, faire abstraction de toutes les substances accidentelles comme le borax, l'alumine, l'arsenic, et si, comme le fait observer M. Dumas, on représente la composition du flint glass par 2 atômes de silicate de potasse et 3 atômes de silicate de plomb, — en admettant que, dans les deux cas l'oxygène de la base est à celui de la silice dans le rapport de 1 à 4, — la composition du strass devra être représentée par un atôme de silicate de potasse et 3 atômes de silicate de plomb.

Le strass blanc obtenu, restaient à trouver des procédés propres à donner de belles imitations des différentes sortes de pierres précieuses, dans toutes leurs variétés. De savants lapidaires se mirent à l'œuvre, combinant le *fondant* avec diverses substances; cherchant les oxydes métalliques les plus propres à le colorer en lui conservant sa transparence : leurs expériences furent couronnées de succès. Voici quelques formules excellentes :

SAPHIR

Fondant........................	256	gr.
Oxide de cobalt pur..............	3	

AMÉTHYSTE

Fondant..................	256	gr.	» c.

Oxide de manganèse.......	1	50
Oxide de cobalt pur........	1	»
Pourpre de cassius.........	0	25

Les améthystes obtenues au moyen de ce dernier procédé étaient fort belles, mais leur teinte un peu sombre les faisait reconnaître, cela tenait à ce qu'elles contenaient un peu trop de manganèse; la formule de M. Lançon donne des améthystes plus claires et beaucoup plus naturelles. Voici les doses du mélange :

Fondant..................	500 gr.	» c.
Oxide de manganèse.......	1	»
Oxide de cobalt pur........	0	25

On obtient aussi de fort belles émeraudes en combinant de la façon suivante le fondant avec les sels de cuivre, de chrôme et de fer.

1re FORMULE :

Fondant..................	256 gr.	» c.
Oxide vert de cuivre.......	2	»
Oxide de chrôme..........	0	50

2e FORMULE

Fondant..................	500 gr.	» c.
Acétate de cuivre.........	4	»

Safran de Mars (Tritoxide de fer)...................	0	80

TOPAZE

Fondant, *Strass très blanc*..	33 gr.	» c.
Verre d'antimoine.........	1	60
Pourpre de cassius..	0	25

TOPAZE (2e)

Fondant..................	192 gr.	» c.
Tritoxide de fer...........	1	50

RUBIS.

Le Rubis, cette pierre charmante, dont la couleur a les tendres nuances de la rose, est la plus difficile à imiter. Presque tous les essais avaient été infructueux, lorsque M. Douault imagina de prendre une partie de la masse opaque, dont nous avons donné la formule, pour la composition des Topazes, et de la fondre avec huit parties de fondant; puis, il l'entretint au feu pendant trent-six heures. Il obtint pour résultat un cristal jaunâtre, qui, refondu au chalumeau, lui donna le plus beau Rubis d'Orient. Il renouvela vingt fois l'expérience, et toujours avec succès.

Le meilleur procédé, après celui-ci est celui qu'indique Fontanier :

Fondant	160	grammes.
Oxide de manganèse	4	—

Voici, maintenant, pour l'*Aigue-Marine*, cette sorte d'Émeraude bleu-pâle, imitant la couleur de l'eau de mer :

Fondant	192	grammes.
Verre d'antimoine	1	—
Oxide de cobalt	0.12	c.

Puis, enfin, voici pour le *Grenat tyrien*, escarboucle des anciens, ayant couleur vive de Rubis foncé :

Fondant	25	grammes.
Verre d'antimoine	14	—
Pourpre de cassius	0.02	c.
Oxyde de manganèse	0.12	c.

Nous arrêtons cette nomenclature déjà longue, car nous craignons d'ennuyer le lecteur; disons seulement que le strass vient d'Allemagne, où l'imitation des pierres précieuses a été longtemps travaillée avant d'être introduite en France.

L'art d'imiter les pierres précieuses avec du verre coloré est très-ancien. Pline en parle comme d'un art fort lucratif de son temps et porté à un haut degré de perfection. Les livres de Zozime de Panopolis, ceux du moine Théophile et le curieux ouvrage intitulé : *Mappæ*

Clavicula, montrent, dit le savant professeur J. Girardin, que l'on faisait au moyen-âge de très-beaux verres imitant les pierres fines. Ces imitations se trouvent souvent mêlées à des joyaux véritables, sur des châsses fort anciennes.

Comme la transmutation des métaux, la fabrication du Diamant artificiel occupa d'ardentes imaginations, de grandes intelligences se fatiguèrent à la recherche de ces deux secrets, dont l'un seulement n'est pas folie. Le mystérieux et légendaire Nicolas Flamel; Roger Baccon, le célèbre physicien anglais, les Rose-Croix; Paracelse, et après eux, au XVIIIe siècle, le comte de Saint-Germain, Cagliostro et J.-J. Casanova, tout ce qui, alors, étudiait les sciences occultes, la chimie, la combinaison des corps, essaya vainement d'arracher à la nature un secret que nous connaissons aujourd'hui. Puis, Strass vînt, qui étonna le monde avec sa pierre. La fabrication et la mise en œuvre des pierres fausses sont aujourd'hui, en France, en Bohême et en Saxe l'objet d'une importante industrie, et voici que depuis quelques mois une nouvelle découverte détruit celle du lapidaire allemand. Le Diamant américain a tué le *Diamant vrai*.

Limpidité, reflets primatiques, scintillements, il réunit toutes les qualités du Diamant le plus authentique; l'œuvre du chimiste ne diffère en rien de l'œuvre de la nature. Extrait des roches californiennes, le *Quartz*, qui est la base du *Diamant américain*, ne présente à la vue, avant d'être traité par le procédé Framinet, qu'une agglomération de cristaux rugueux, incolores et sans transparence, entourés d'une croûte pierreuse. Coloré par certains oxydes métalliques, dont l'emploi avait été ignoré jusqu'à ce jour, et combiné avec différents agents chimiques, le fondant de ce quartz donne les plus admirables imitations de pierres précieuses que l'on connaisse.

J'ai essayé d'esquisser l'historique du Diamant et du strass, des pierres vraies ou fausses; de rappeler les manipulations diverses qui révèlent l'éclat naturel ou créent l'éclat factice; de donner les principaux procédés employés par mes devanciers pour la composition et la taille des gemmes fabriquées.

C'est un devoir pour moi, en terminant cet ouvrage, de déclarer franchement que cette étude sur les pierres précieuses vraies et imitées, que cette recherche des recettes, employées par tous ceux qui m'ont précédé dans la carrière que j'exerce aujourd'hui, a puissamment contribué à guider mes pas dans mes travaux personnels.

Mon procédé diffère essentiellement de ceux qu'on vient de lire; néanmoins, il est basé sur les mêmes principes généraux, sur la même *méthode*, sur les mêmes déductions scientifiques.

On comprendra que je ne puisse en dire plus sur « mon secret, » comme disaient les alchimistes. Ce secret est de la plus grande simplicité; toutefois, il demande beaucoup de savoir-faire, beaucoup d'habileté de mains et un coup-d'œil exercé. Si je le publiais, beaucoup d'opérateurs seraient inhabiles à en user.

Avec cette curiosité, qui est la force des inventeurs et que certains esprits ont eu le tort de tourner parfois en ridicule, je continue, chaque jour, à chercher le *mieux;* je perfectionne, et, par des modifications portant surtout sur les instruments que je tâche d'amener à un fonctionnement mathématique, je fais en sorte d'augmenter encore la beauté et la réputation de mon *Diamant américain.*

On me pardonnera un peu d'amour-propre, si l'on songe à la difficulté que j'ai dû éprouver lors de mes premiers essais, faits dans des conditions presqu'invraisemblables. D'ailleurs, je ne demande qu'une chose : c'est qu'on voie et qu'on apprécie, que l'on compare mes *Diamants américains* avec toutes les imitations existantes, et qu'ensuite on porte un jugement.

Mais assez. Comme le dit Pascal : « Le moi est haïssable. » Et je tiens trop à conserver toutes les sympathies.

Typ. Seringe Frères, place du Caire, 2.

www.ingramcontent.com/pod-product-compliance
Ingram Content Group UK Ltd.
Pitfield, Milton Keynes, MK11 3LW, UK
UKHW020409180726
13839UKWH00003B/1278

9 782329 582511